Landwirtschaft in Indien. Fortschritt, Landnutzung, Viehhaltung und Plantagenwirtschaft

Martin Briol

Bibliografische Information der Deutschen Nationalbibliothek:

Die Deutsche Nationalbibliothek verzeichnet diese Publikation in der Deutschen Nationalbibliografie; detaillierte bibliografische Daten sind im Internet über http://dnb.d-nb.de abrufbar.

ISBN: 9783346617552
Dieses Buch ist auch als E-Book erhältlich.

© GRIN Publishing GmbH
Nymphenburger Straße 86
80636 München

Druck und Bindung: Books on Demand GmbH, Norderstedt Germany
Gedruckt auf säurefreiem Papier aus verantwortungsvollen Quellen

Das Buch bei GRIN: https://www.grin.com/document/1185602

Landwirtschaft in Indien

Seminar

Ausgewählte Inhalte des geographischen und fächerverbindenden Unterrichts/ Ausgewählte Themen des fächerverbindenden Unterrichts:

Datum: 30. Juni 2008

Inhaltsverzeichnis

1 Allgemeiner Überblick

1.1 Einleitung - Die Stellung der Landwirtschaft

Betrug der Anteil der Landwirtschaft in Indien am Bruttoinlandsprodukt im Jahr 1950 - 1951 noch 56 Prozent, wird der Agrarsektor heute mit etwa 22 Prozent von der sehr viel schneller wachsenden Industrie (24 Prozent) und dem Dienstleistungssektor (54 Prozent) in den Schatten gestellt. Dieser Wandel vollzog sich jedoch nicht ohne jeden Übergang und schien in den 80er Jahren bis ins Jahr 2000 bei etwa 31 Prozent einzufrieren. Diese Werte dürfen aber nicht negativ gewertet werden, sondern müssen als Indiz dafür gesehen werden, dass sich der gesamtwirtschaftliche Entwicklungsstand Indiens immer näher an den westlicher Länder annähert und so können einige indische Staaten, wie beispielsweise Kerala, schon problemlos mit osteuropäischen Ländern mithalten. In Deutschland beträgt der Anteil des Agrarsektors am Bruttoinlandsprodukt beispielsweise gerade einmal 1,1 Prozent. Die Bedeutung des primären Sektors darf aber in keinem Land der Welt, vernachlässigt werden. Leider geschah genau dies in der Mitte des 20. Jahrhunderts in Indien. Die Entwicklung des primären Sektors wird aber noch für viele Jahre von entscheidender Bedeutung, für die gesamtwirtschaftliche Entwicklung Indiens, sein. Besonders anschaulich verdeutlicht dies die Tatsache, dass nahezu 60 Prozent der Bevölkerung (1,1 Milliarden) in der Landwirtschaft erwerbstätig sind. Gleichzeitig bilden sie den ärmsten Teil der Bevölkerung. Die Abwahl der letzen Regierung 2004 kann daher mit der Unzufriedenheit der ländlichen Bevölkerung erklärt werden. [1] [2] [3] In der Nahrungsmittelproduktion liegt die größte Bedeutung der indischen Landwirtschaft. Während in den 60er Jahren Nahrungsmittel noch importiert werden mussten, ist die Selbstversorgung heute weitgehend gesichert und Güter wie Getreide werden sogar exportiert. Die Flächenerträge in Indien liegen jedoch noch weit unter denen anderer Länder zurück. Bei Weizen erreichen sie gerade einmal 34 Prozent der Erträge Frankreichs und bei Reis 48 Prozent derer Chinas. Das wohl wichtigste Exportgut stellen Cashews dar, die den Tee, der in den 60ern noch die Hälfte der Exporte

---

[1] Vgl. Fuchs 1992, S. 5
[2] Vgl. Stang 2002, S.166
[3] Vgl. Betz 2007, S.4

ausmachte, ablösten. Der Export landwirtschaftlicher Güter kann zwar absolute Zuwächse verzeichnen ist aber am Anteil des Gesamtexport Indiens mit nur noch 15 Prozent beteiligt. Eine Entwicklung die wieder für die überproportionale Exportsteigerung aus dem Dienstleistungssektor spricht. Trotz technischer Fortschritte, auf die später noch eingegangen werden soll, sind ein niedriger Ausrüstungsstand, Kapitalmangel und ein Arbeitskräfteüberschuss, unbeschadet von niederen Stadt – Land – Wanderungen, prägend für die indische Landwirtschaft.[4]

1.2 Geschichtlicher Rückblick

Die indische Landwirtschaft wird in weiten Teilen des Landes noch recht konventionell mit beispielsweise Holzpflug und Ochsengespann betrieben. Nur wenige Großgrundbesitzer setzen auf technischen Fortschritt. Der Grund liegt sicherlich darin, dass die britische Kolonialherrschaft, die bis 1947 die Vorherrschaft hatte, die indische Agrarpolitik schwer vernachlässigte. In Indien produzierte Nahrungsmittel und indische Rohstoffe waren für den Export bestimmt. Eine wirtschaftliche Entwicklung zum Wohle der indischen Bevölkerung wird hier vergebens gesucht. Zwar wirkte sich der für den Export nötige Bau von Straßen und Eisenbahnen positiv auf Produktion und Handel aus, doch die restriktive Politik der Kolonialregierung führte einheimische Industrien und Handwerke in den Ruin. Die in diesen Bereichen beschäftigten Menschen drängten sich nun wieder zurück in den Agrarsektor, wurden dort aber nicht gebraucht. Hier ist zu beachten, dass der Landbesitz in weiten Teilen Indiens kastengebunden ist und somit nur bestimmte Kasten Eigentum an Grund und Boden erwerben können. Weitere Umstände, die die Agrarentwicklung behinderten waren die starken Ernteschwankungen, die auch heute noch auftreten, und die extrem hohen Steuern. Zu Krisen und Hungersnöten kam es mit dem zweiten Weltkrieg, als Japaner 1942 Burma besetzten und die indischen Reisimporte zum Erliegen brachten. Erst mit dem Ende der britischen Kolonialherrschaft 1947 löste sich die landwirtschaftliche Stagnation in Indien langsam auf. Recht bemerkenswert ist

---

[4] Vgl. Stang 2002, S.166

dabei die Tatsache, dass in der Zeit der Kolonialherrschaft, die landwirtschaftliche Produktion gerade einmal um 0,5 Prozent gewachsen ist. Vergleicht man diese Angabe mit dem indischen Bevölkerungswachstum, sind die Zahlen erschreckend.[5]

2 Technischer und wirtschaftlicher Fortschritt

2.1 Die Grüne Revolution

In der Unabhängigkeit konnte die indische Regierung das Wirtschaftswachstum im primären Sektor zwar steigern und hohe Ernteerträge erzielen, doch ab 1956 wurde die Situation kritisch. Ein Vertrag mit den USA der Reis- und Weizenimporte ermöglichte, bewahrte Indien zwar vor einer Hungerskatastrophe, überstieg die indische Zahlungsfähigkeit aber auf Dauer bei Weitem. Nach schlechten Ernteerträgen, Anfang und Mitte der 60er, in denen das ländliche Wirtschaftswachstum unter 0 Prozent sank und man somit von einem Wirtschaftszerfall im Primärsektor sprechen konnte, war die Regierung dringend gefordert zu reagieren. Die Importe an Reis und Weizen hatten in dieser Phase einen Rekordwert von bereits 10,4 Mio. t übertroffen. Die Möglichkeit der Produktionssteigerung durch Erweiterung der Anbauflächen wurde aber bereits in den 1950er Jahren angewendet und somit weitgehend ausgeschöpft. Das Ziel musste also lauten die Flächenerträge zu erhöhen um aus der Krise zu kommen und eine apokalyptische Hungerskatastrophe zu vermeiden. Das eingeführte Modernisierungsprogramm, welches aufgrund seiner eindrucksvollen Ertragssteigerung unter dem Schlagwort „Grüne Revolution" bekannt geworden ist, beinhaltet insbesondere die Einführung von Hochertragssorten, den Einsatz von Pestiziden, Mineraldüngern und Maschinen, sowie eine großzügige Ausweitung der Bewässerungsflächen. Die eingeleiteten Maßnahmen waren erfolgreich. Schon nach einem Jahr stiegen die Erträge um 25 bis 100 Prozent an. Die Erntemengen von Getreide und Hülsenfrüchte konnte beispielsweise von 51 Mio. t. (1950-51) auf 199 Mio. t. (1999-2000) gesteigert werden.[6] Das Importland Indien sicherte sich nicht nur weitgehend die Selbstversorgung, sondern entwickelte sich im Laufe der letzten

[5] Vgl. Fuchs 1992, S. 7-12
[6] Vgl. Stang 2002, S.167

50 Jahre zu einem der größten Exportländer von Getreide und Hülsenfrüchte der Welt. Indien kommt bei der Nutzung „Grüner Gentechnik" eine Vorreiterrolle zu. Ende der 1990er Jahre wurden in kaum einem anderen Entwicklungsland, mit Ausnahme von Argentinien, gentechnisch veränderte Pflanzen angebaut. Wenn auch, trotz der Potenziale und enormen Zuwachsraten, die die grüne Gentechnik mit sich bringt, in vielen Entwicklungsländern noch auf diese verzichtet wird, waren 2006 bereits 90% der über 10 Mio. Bauern, die weltweit genveränderte Pflanzen anbauten aus Entwicklungsländern (Vgl. Abb. 1).

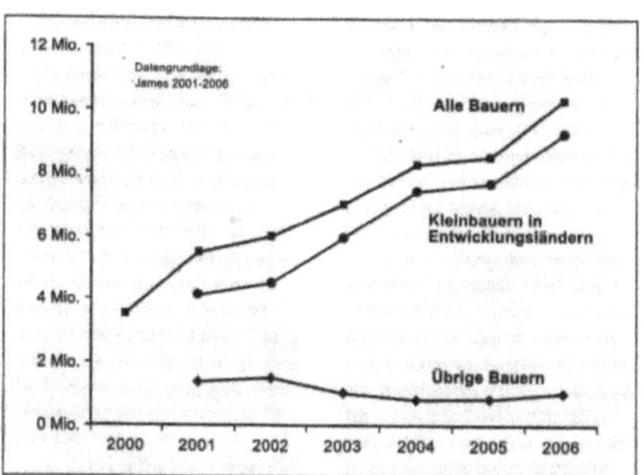

Abb. 1: Anzahl der Bauern weltweit, die gentechnisch veränderte Pflanzen Quelle: Alexander J. Stein, 2008

In europäischen Ländern ist es demgegenüber zum Stillstand beim Anbau von gentechnisch veränderten Pflanzen gekommen. Hierfür lassen sich zwei Gründe anführen. Zum einen ist der Schädlingsdruck in den Tropen und Subtropen deutlich höher als in den gemäßigten Breiten. Zum anderen lebt in Indien, wie in anderen Entwicklungsländern, die Mehrheit der Menschen auf dem Land und ist daher von der Landwirtschaft abhängig. Wie bereits erwähnt, sind dies in Indien über 60 Prozent der Bevölkerung. In Deutschland, zum Vergleich, gerade einmal drei Prozent. Auf Vollzeitbasis sind es sogar nur 0,8 Prozent. Warum wird Gentechnik aber nun nicht in allen Entwicklungsländern eingesetzt? Einer der Gründe liegt sicherlich darin, dass zumeist kleine Entwicklungsländer, eine ablehnende Haltung wichtiger Abnehmerländer von Agrarprodukten in Industriestaaten erfahren. Der Hauptgrund liegt aber sicherlich darin, dass es für den Anbau von genveränderten Pflanzen eines umfassenden fachlichen Wissens bedarf. Indien ist in diesem Bereich fortschrittlich, betreibt umfangreiche Forschungen und möchte in naher Zukunft weitere genveränderte Pflanzen, wie insektenresistente Auberginen oder den sogenannten „Goldenen Reis", auf den Markt bringen.[7]

2.2 Ein Bespiel: Insektenresistente Baumwolle

Momentan wird in Indien, als einzige genveränderte Pflanze, insektenresistente Baumwolle auf kommerzieller Basis angebaut. Ihre Anbaufläche beträgt in Bezug auf die Gesamtbaumwollfläche in Indien über 50 Prozent. Die genveränderte Baumwolle enthält ein Gen des Namens *Bacillus thuringiensis* (Bt), welches sie gegen Insekten resistent macht. Heute ist sie unter dem Schlagwort „Bt Baumwolle" in aller Munde und stellt eine Alternative zum Ausbringen von chemischen Pestiziden dar. Die Einsparung solcher Pestizide liegt in Indien im Durchschnitt bei 41 Prozent (Vgl. Abb.2). Neben den finanziellen Einsparungen sind hier auch die positiven Auswirkungen auf die Umwelt und die Gesundheit der Bauern zu beachten, die auf den reduzierten Giftmitteleinsatz zurückzuführen sind. Der Anbau von Bt Baumwolle hat somit zwei entscheidende Vorteile. Es werden erstens Pestizide eingespart und gleichzeitig höhere Ernteerträge erzielt (Vgl. Abb. 2), zweitens steigt das Einkommen, was letztendlich zur Dezimierung der Armut im ländlichen Raum führt. Die Gegebenheit, dass Bauern die Bt Baumwolle anbauen, im Gegensatz zu Bauern die konventionelle Baumwolle anbauen, durchschnittliche Mehrkosten von rund 56 US$/ ha haben, erscheint durch die Tatschache, dass indische Bauern die Bt Baumwolle anbauen einen Zusatzgewinn von rund 111 US$/ ha haben, vernachlässigt werden zu können. Dieser finanzielle Vorteil ist aber stark vom jeweiligen Standort des Anbaus abhängig, da Bt nur sehr spezifisch wirkt.[8]

---

[7] Vgl. Stein 2008, S. 37-38
[8] Ebd. S. 38-39

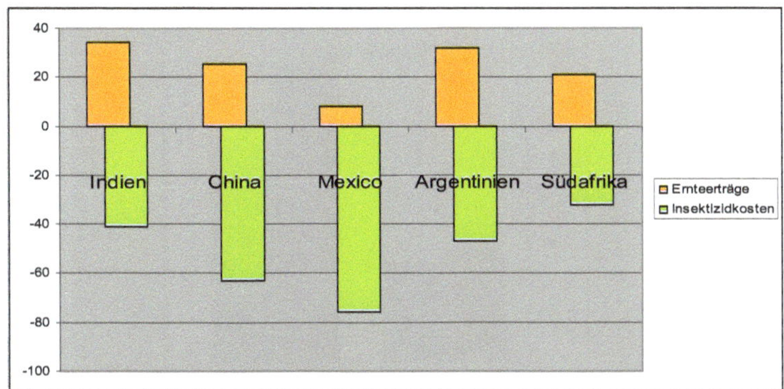

Abb. 2: Agronomische Auswirkungen von Bt Baumwolle
Quelle: Eigene Darstellung nach Alexander J. Stein, 2008

2.3 Die Bewässerung

Neben der Einführung von Hochertragssorte und der Ausdehnung der kultivierten Fläche, trug die Verbesserung der Bewässerungsmöglichkeiten einen monumentalen Teil dazu bei, die landwirtschaftlichen Erträge zu steigern. Sie ist in Indien nicht nur daher vorteilhaft, weil sie es erlaubt in natürlich trockenen Gebieten anzubauen, sondern auch um die starken Schwankungen der Monsunregen auszugleichen. Schon die Briten vergrößerten ältere Bewässerungsanlagen und bauten neue. Zum Zeitpunkt der Unabhängigkeit verfügte Indien über 21 Mio. ha bewässerte Fläche. Heute sind es rund 53, 5 Mio. ha und berücksichtigt man die Flächen mit Mehrfachernten sind es über 73, 3 Mio. ha effektive Bewässerungsfläche (Vgl. Abb. 3).[9] Angegeben wird, dass zwischen 65 und 80 Prozent der indischen Agrarproduktion mit Hilfe von Bewässerung erwirtschaftet wird. Grundsätzlich unterscheidet man drei wichtige Arten der Bewässerung in Indien: Tankbewässerung, Staudämme mit zugehörigen Kanälen (Kanalbewässerung) und Brunnenbewässerung, deren Verbreitung aus Abbildung 4 ersichtlich wird (Vgl. Abb. 4).[10]

---

[9] Vgl. Stang 2002, S.170
[10] Vgl. Hennig 2007, S.34

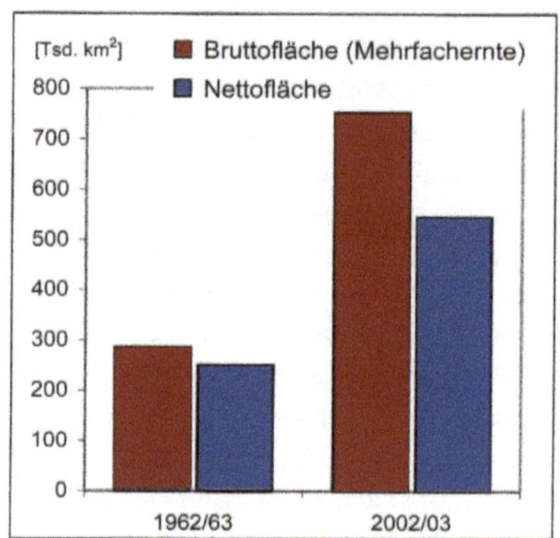

Abb. 3: Veränderungen der Bewässerungsfläche
Quelle: Thomas Hennig, 2007

Anmerkung der Redaktion:
Diese Abbildung wurde aus urheberrechtlichen Gründen entfernt.

Abb. 4: Bewässerung in Indien
Quelle: Friedrich Stang, 2002

Wie sich vermuten lässt, kommt der Kanalbewässerung der größte Teil der insgesamt bewässerten Fläche zu. Insgesamt sind dies 17 Mio. ha, was fast einem Drittel entspricht. Um eine ganzjährige Wasserzufuhr, vor Allem in trockenen Monaten, zu gewährleisten, sind die Staudämme im Oberlauf der Flüsse unerlässlich.[11] Das System, welches mit seinen 4300 Staudämmen als größtes der Welt gehandelt wird, gilt oftmals aber auch als zu kostenintensiv und ineffizient. Hinzu kommt noch, dass viele Staudämme im Interessenskonflikt zwischen Energiegewinnung und Bewässerung stehen.[12] Anders als bei der Kanalbewässerung halten nur wenige Tanks das Wasser ganzjährig. Trotz ihrer guten ökologischen Anpassung sind sie im Niedergang begriffen. Im Wesentlichen sind Tanks nichts anderes als Stauteiche die durch Niederschläge gespeist werden. Vernetzt man mehrere Tanks miteinander, so speist der Überlauf des einen Tanks den nachfolgenden. In diesem Fall spricht man von einer Tankgruppe. Wie großflächig eine solche Tankgruppe ausfallen kann, verdeutlicht die Sri-Rangarajani-Tankgruppe in der Region Anantapur (Vgl. Abb. 5).[13]

Abb. 5: Die Sri – Rangarajani - Tankgruppe
Quelle: Thomas Hennig, 2007

---

[11] Vgl. Stang 2002, S.171
[12] Vgl. Hennig 2007, S.34
[13] Ebd. S. 36-37

Mit der Einführung von Diesel- und Elektropumpen eröffneten sich neue Dimensionen der Bewässerung und die Tankbewässerung verlor weitgehend an Bedeutung. Heute ist die Brunnenbewässerung die häufigste Form der Bewässerung (Vgl. Abb. 6), da sie gezielt eingesetzt werden kann.

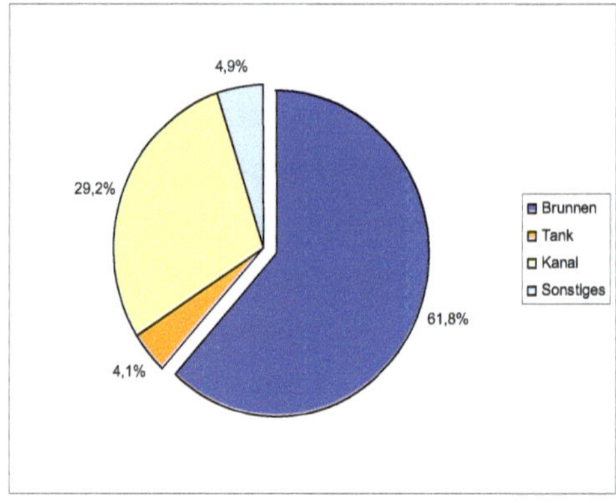

Abb.6: Bewässerungsformen in Indien
Ouelle: Eigene Darstellung nach Thomas Hennig.

Wenn auch bisher noch keine Erschöpfung der Grundwasservorräte aufgetreten ist, liegt hier das wesentliche Problem der Brunnenbewässerung, die diese Grundwasserreservoire gefährdet.[14] Die Grundwasserausbeutung in den verschiedenen Bundesländern Indiens wird in Abbildung 7 ersichtlich dargestellt. (Vgl. Abb. 7).

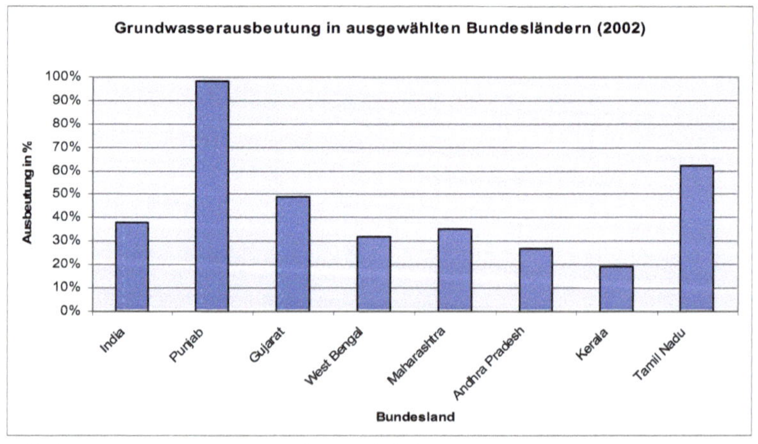

Abb.7: Grundwasserausbeutung in ausgewählten Bundesländern
Quelle: Eigene Darstellung nach Thomas Hennig, 2007

---

[14] Ebd. S. 34- 36

Das Punjab hier so deutlich heraus sticht, ist nicht weiter verwunderlich, beachtet man die Tatsache, dass Punjab nahezu 90 Prozent seiner gesamten Anbaufläche künstlich bewässert (Vgl. Abb. 8).

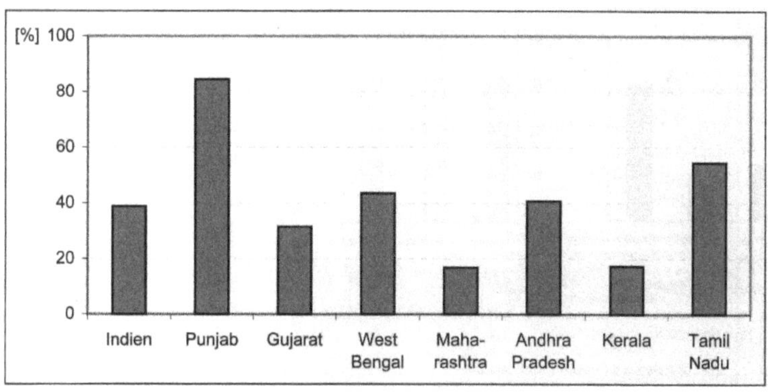

Abb.8: Anteil der Bewässerungsfläche an der Gesamtanbaufläche
Quelle: Thomas Hennig, 2007

2.4 Mechanisierung und Elektrifizierung

Um diese gigantischen Flächen in Punjab zu bewässern, bedarf es einer Vielzahl an maschinell betriebenen Brunnen. Meist werden hier elektrische Pumpen eingesetzt, was wiederum ein Ausbau des elektrischen Netzes von der indischen Regierung verlangte. Heute sind über 87 Prozent aller Dörfer und über 13 Mio. Pumpen an die Stromversorgung angeschlossen. Ein Viertel der gesamten Stromerzeugung Indiens wird so allein durch die Bewässerung verbraucht. Da in der Landwirtschaft aber noch in vielen anderen Bereichen Strom, wie zum Beispiel in Reismühlen, benötigt wird und die indischen Bauern meist arm sind, wird die Versorgung mit Strom, in fast allen Staaten subventioniert, was wiederum die Staatskassen belastet und die Bauern zu verschwenderischem Umgang mit Wasser verführt. Zur Ertragssteigerung hat diese Form der Mechanisierung, mit unbekannten ökologischen Folgen, aber zweifellos beigetragen, was man von der Einführung von Traktoren nicht unbedingt behaupten kann. Wie in China liegt der Grund hierfür auf der Hand, beachtet man die zahlreichen und billigen Arbeitskräfte. So findet man in Indien also immer noch eine traditionell subsistenzorientierte

Landwirtschaft mit Pflügen, Ochsen und einfachen Werkzeugen vor. Die Vorteile des Traktors sind aber nicht zu vernachlässigen, da die Nachfrage der ländlichen Bevölkerung nach neuen Maschinen zu einem Aufschwung der Industrie führen kann und somit der Charakter der Landwirtschaft nachhaltig geändert wird. Ohnehin hebt ein Traktor das Sozialprestige der Bauern, ermöglicht es ihnen Waren schneller zu transportieren und aufgrund des Zeitvorteils ist es ihnen oftmals nur so möglich eine zweite Ernte einzufahren. Außerdem verursacht der Traktor in der Zeit, in der er nicht gebraucht wird, keine Betriebkosten.[15]

2.5 Soziale Auswirkungen und Kreditwesen

Die neuen Programme der „Grünen Revolution" waren vornehmlich wachstumsorientiert. Begünstigt wurden durch die neuen Anbautechniken aber tatsächlich nur die größeren Bauern, da sie sich schon zu Beginn die nötigen „Inputs" leisten konnten. Kritiker beschreiben die Grüne Revolution daher als landwirtschaftliches Wachstum ohne ländliche Entwicklung. Saatgut, Dünger und Pestizide sind zwar inzwischen auch für kleinere Bauern leichter verfügbar, sind aber ohne Kreditaufnahme meist nicht möglich. Die Zinsen sind extrem hoch und so verschulden sich viele Bauern, geraten in einen Schuldenkreislauf und verlieren schlimmstenfalls ihr Land an den Gläubiger. Trotz der Tatsache, dass die Bauern zu Rückzahlungen nicht unbedingt verpflichtet sind und die Regierung Gesetze zum Schutz der Schuldner erlassen hat, können die Geldverleiher ihre Ansprüche meist durchsetzen, da sie über Anwälte und auch „Schlägertruppen" verfügen. Hinsichtlich Bewässerungstechnik sieht es für die kleineren Bauern noch düsterer aus. Sie verfügen weder über die Mittel noch über eine Kreditwürdigkeit und so können sich nur größere Bauern teure Tiefbrunnen leisten. Es kam zu einer Privatisierung der Grundwasservorräte, in der kleine Bauern ihr Wasser von Brunnenbesitzern erwerben können. In trockenen Zeiten sichern sich diese aber „natürlicherweise" ihren Anteil und es steht nicht genügend Wasser für die Felder kleinerer Bauern zur Verfügung.[16] Zweifelsohne haben sich die Gegensätze zwischen Arm und Reich vergrößert. Zurückzuführen ist dies aber nicht nur auf die

---

[15] Vgl. Stang 2002, S.174- 175
[16] Ebd. S.168- 169 u. 175- 176

Folgen der Grünen Revolution, sondern vielmehr auf das rasante Bevölkerungswachstum, welches eine ausreichende Beschäftigung schier unmöglich macht. Die Grüne Revolution hat in Indien vielmehr dazu beigetragen, dass zwar Reiche reicher geworden sind, Arme aber nicht ärmer. In Teilen konnten diese ihr Einkommen sogar verbessern. Denn wie bereits erwähnt, setzt der Einsatz von Maschinen Arbeit zwar frei, ermöglicht aber überhaupt erst Mehrfachernten, welche den Bedarf an Arbeitskräften steigen lassen und die Selbstversorgung Indiens gewährleisten.[17]

3   Landnutzung und Anbau

Für den Anbau verschiedenster Feldfrüchte werden in Indien etwas mehr als zwei Fünftel der gesamten Landfläche genutzt. Durch deren Verbreitung lassen sich sehr leicht die topographisch und edaphisch begünstigten Gebiete aufweisen. So werden in den Strom- und Küstenländern zwischen 80 und 90 Prozent für den Ackerbau genutzt und in den Bergländern und anderen ariden Regionen weniger als 10 Prozent. Im Folgenden soll auf die verschiedenen Anbauprodukte eingegangen werden.

Anmerkung der Redaktion:
Diese Abbildung wurde aus urheberrechtlichen Gründen entfernt.

Abb.9: Reisanbau in Indien
Quelle: Friedrich Stang, 2002

---

[17] Ebd. S.170

3.1 Getreide

Reis ist das Hauptnahrungsprodukt Indiens und das wichtigste Anbauprodukt des Landes. Nach China ist Indien der zweitgrößte Produzent von Reis und baut diesen in nahezu jedem Bundesland an (Vgl. Abb. 9). Ermöglicht wird dieses Phänomen wieder einmal nur durch Bewässerung. Reis benötigt ein heißes und feuchtes Klima und gedeiht am besten in stehendem Wasser. Die einzigen Bundesländer in denen kein Reisfeldbau stattfindet, sind Arunachal Pradesh und Sikkim. Nach eigenen Recherchen findet hier überhaupt keine, beziehungsweise eine nicht erwähnenswerte landwirtschaftliche Nutzung statt. Einen fast ebenso geringen Teil an landwirtschaftlicher Nutzfläche weisen die Bundesländer Jammu & Kashmir und Hirmachal Pradesh auf. Alle vier Länder liegen im Norden Indiens an der Grenze zu China. Ihre für den Feldanbau ungünstige Topographie lässt sich auf die Tatsachen zurückführen, dass sie im Hochgebirge des Himalayas liegen. Die Gebiete mit den höchsten Ernteerträgen an Reis sind die Ganga- Ebene, die Deltagebiete und die Westküste. Das Bild der Agrarlandschaft in diesen Gebieten ist durch ebene Feldparzellen, oft mit Terrassenbau, geprägt. Die gesamte Reisanbaufläche Indiens beträgt 44,6 Mio. ha und der Gesamtertrag liegt bei 86 Mio. t., die weitgehend von Hand gepflanzt und geerntet werden.[18] Anders als beim Reis weißen die wichtigsten Anbaugebiete für Weizen, welcher die zweitwichtigste Anbaufrucht Indiens darstellt, nur geringe Niederschläge (unter 1000mm) auf. Die Bedeutung der Mechanisierung wird beim Weizen aber besonders deutlich, da nur mit Hilfe von Traktoren die ohnehin knappe Zeit optimal ausgenutzt werden kann und ein Austrocknen des Bodens, durch rechtzeitiges Eggen nach der Ernte, verhindert werden kann. Die Produktivität des indischen Weizenanbaus fällt im Vergleich nur gegenüber dem Intensivanbau in Westeuropa zurück. Die dritte wichtige Anbaufrucht unter den Getreidesorten ist die nährstoffreiche Hirse, wenn deren Entwicklung auch stark rückläufig ist. Sie gilt als Getreide der armen Leute und dient größtenteils der Selbstversorgung. Hirse findet man selten auf guten Böden und wird wegen besserer Erträge im Maisanbau, von diesem immer weiter zurück gedrängt.[19]

---

[18] Ebd. S. 179-181
[19] Ebd. S. 181-184

3.2 Zuckerrohr

Indien, die Heimat des Zuckerrohrs, nimmt nach Brasilien den zweiten Platz unter den Zuckerrohrproduzenten weltweit ein. Und das obwohl die Hauptanbaugebiete von Zuckerrohr im Norden Indiens liegen und damit, aufgrund der subtropischen Verhältnisse, nicht ideale klimatische Bedienungen liefern. Die hohen manuellen Arbeitsleistungen sind beim Anbau sehr arbeitsintensiv. Wirtschaftlich fortgeschrittene Gebiete sind daher, wegen ihrer höheren Lohnkosten bereits das Ziel von Saisonarbeitern geworden. [20]

3.3 Ölsaaten

Tierische Fette spielen aus religiösen Gründen in Indien eine untergeordnete Rolle. Daher sind Ölsaaten für die Ernährung der Bevölkerung besonders wichtig. Trotz Produktionssteigerungen kann die Binnennachfrage nicht gedeckt werden und so sind Importe notwendig geworden. Die wichtigste Ölfrucht stellt die Erdnuss da, die vor allem in den Plateaus und Becken des Deccan angebaut wird. Weitere erwähnenswerte Ölsaaten sind die Sojabohne, die Leinsaat, die Sonnenblume und Sesam, bei dem Indien die Weltproduktion anführt. [21]

3.4 Obst und Nüsse

Eine große Vielfalt des Obstanbaus wird durch das indische Klima begünstigt. Indien ist mit 8 Mio. t der größte Bananenproduzent der Welt. Diese Bananen sind zwar gut im Geschmack, wohl aber sehr unansehnlich. Daher gelten Mangos als die wichtigsten Früchte des Landes. Weitere Früchte währen beispielsweise Äpfel, Kirschen, Aprikosen, Granatäpfel, Walnüsse, Mandeln und in jüngster Zeit sogar Weintrauben. Das wichtigste Exportgut Indiens unter den Agrargütern sind aber die

---

[20] Ebd. S. 184- 185
[21] Ebd. S. 186-188

Cashewkerne, mit derer Produktion Indien zu einem Viertel an der Weltproduktion beteiligt ist.[22]

3.5 Gewürze

Weltweit bekannt wurde Indien vermutlich durch seine Vielfalt an unterschiedlichsten Gewürzen. Sie können heute getrost als Wegbereiter der Kolonialisierung des Landes betrachtet werden. Folgend werden nur wenige der wichtigsten Gewürze Indiens genannt. Pfeffer, der für den Export von größter Bedeutung ist, Chili, dass wohl wichtigste Gewürz in der indischen Küche, Ingwer, Gewürznelken, Zimt, sowie Safran, das wohl teuerste der Gewürze. Curry, welches in Europa oft fälschlicherweise als Gewürz bezeichnet wird, ist in Wirklichkeit eine Mischung aus dreißig verschiedenen Gewürzen und wird in der indischen Küche wohl jeden Tag verwendet.[23]

3.6 Faserpflanzen

Die in Indien heimische Baumwolle wird hauptsächlich in denselben Gebieten wie die Ölfrüchte, im ariden Westen angebaut. Die Entwicklung der gesamten Baumwoll- und Textilindustrie ist aber nur sehr schwer vorauszusehen. Die globale Anteilnahme an diesem Wirtschaftssektor ist sehr hoch und es ist nicht abzusehen welche Rolle Indien in Zukunft hier spielen wird. Mit großer Wahrscheinlichkeit wird Indien sein Stück am Kuchen der EU Absatzmärkte an die Volksrepublik China verlieren, sich aber an Lieferanteilen kleinerer Länder schadlos halten. Verlierer werden dann sicherlich Länder wie Bangladesch, Vietnam und vor allem afrikanische Länder sein.[24]

---

[22] Ebd. S. 188- 189
[23] Ebd. S. 190- 191
[24] Vgl. Haas 2005. S. 37

4 Viehhaltung und Plantagenwirtschaft

4.1 Viehhaltung

Rinder sind Indiens wichtigste Nutztiere. Noch heute werden sie in Indien als Zugtiere vor Pflüge und Ochsenkarren gespannt. Kein Wunder also das Stierkälber bevorzugt werden. Die Zahl weiblicher Kälber, sowie die altersschwacher Rinder, wird durch unzureichende Fütterung niedrig gehalten. Interessant ist, dass die milchtrinkende Bevölkerung traditionellerweise im Nordwesten lebt. Der Fleischverzehr ist in Indien aufgrund religiös-kultureller Vorbehalte relativ gering und daher gilt die Viehhaltung als ineffizientester Zweig der indischen Landwirtschaft. Lediglich Unberührbare verzehren Rinder die eines natürlichen Todes gestorben sind. Obwohl Weiden, die auch genauso gut als Ödland bezeichnet werden könnten, weniger als 4 Prozent der Gesamtfläche Indien einnehmen, verfügt das Land über den weltweit höchsten Rinderbestand. Genauso ist Indien heute der größte Milchproduzent der Welt. In Anlehnung an die „Grüne Revolution" könnte man in diesem Fall genauso gut von einer „Weißen Revolution" sprechen. Früher diente die Milcherzeugung weitgehend dem eigenen Verbrauch und um den städtischen Milchbedarf zu decken, wurden Büffel von bestimmten Kasten mitten in der Stadt gehalten (Vgl. Abb. 10). Oft mussten die Tiere vor den Augen der Kundschaft gemolken werden, um die geforderte Qualität zu gewährleisten. Aufgrund des andauernden technischen Fortschritts, vor allem was Kühlmittel betrifft, wurde es langsam möglich die Milchindustrie zu zentralisieren. Es bildeten sich „Milchkolonien" mit bis zu 15 000 Rindern, deren Erfolg aber bald von Erzeugergenossenschaften mit vorbildhaften Funktionen begrenzt wurde. Die größte und erfolgreichste Genossenschaft, mit über 360 000 Milchproduzenten in 900 Dörfern, konnte sich dabei in Gujarat herausbilden. Die Genossenschaft sammelt die Milch in den Dörfern zweimal täglich ein und garantiert diese zu einem festen Preis abzunehmen. Aus dem Gewinn, den die Genossenschaft erzielt, finanzieren sie unter anderem auch gemeinnützige Anlagen wie Schulen, Krankenhäuser und verbesserte elektrische Netzwerke. Neben Rindern werden in Indien noch andere Nutztiere gehalten. Ziegen zum Beispiel gelten als wichtigster Fleischlieferant Indiens und als „Kuh des kleinen Mannes". Weitere

Fleischlieferanten sind Geflügel, Schafe und Schweine, wobei letztere wie bereits erwähnt nur von niederen Kasten und Christen verzehrt werden und daher vornehmlich an der Westküste Indiens anzutreffen sind. Schafe sind für den wirtschaftlichen Nutzen der Textilindustrie von relativ geringer Bedeutung, da ihre Wolle nur sehr grob ist. Lediglich die wenigen Schafe der Himalayaregion bringen eine Wolle guter Qualität hervor.[25]

Anmerkung der Redaktion: Diese Abbildung wurde aus urheberrechtlichen Gründen entfernt.

Abb.10: Milchviehhaltung in der Stadt
Quelle: Friedrich Stang, 2002

4.2 Plantagenwirtschaft

Plantagenprodukte stellen einen bedeutenden Teil der indischen Exporte da. Anfang des 19. Jahrhunderts und in Teilen der britischen Kolonialzeit, stellte der Teehandel das ertragsreichste Geschäft der ostindischen Gesellschaft dar. Hauptimporteur war hier natürlich Europa, insbesondere England. Aber auch China stellte einen der wichtigsten Handelspartner Indiens dar. Heute sind rund eine Million Menschen allein in der Teeindustrie tätig. Die Größe der Betriebe erstreckt sich dabei auf bescheidene Kleinbetriebe mit ein paar Sträuchern bis hin zu riesigen Teeplantagen, die in Indien als „Tea Garden" bezeichnet werden. Oft bauen diese Großbetriebe auf ihren Tee- oder Kaffeeplantagen Nebenprodukte wie Orangen oder Pfeffer an. Diese Großbetriebe gehören häufig großen indischen Gesellschaften, die mit dem Plantagenanbau eine neue Sparte ihres

[25] Ebd. S. 193- 200

Firmeneigentums aufgemacht haben. Besonders bemerkenswert ist aber, dass es in der indischen Plantagenwirtschaft nie zur Sklaverei, wie zum Beispiel in Amerika, gekommen ist. Sicherlich waren die Ausgangsbedingungen der beiden Länder auch grundsätzlich verschieden. So gab es Indien nie das Problem fehlender Arbeitskräfte in den entsprechenden Anbaugebieten.[26] Neben dem Plantagenanbau von Tee und Kaffee, begannen sich Anfang des 20. Jahrhunderts, Cashewnüsse und Kautschuk breit zu machen. Für den Anbau dieser Produkte wird aber über das ganze Jahr hinweg Niederschlag verlangt, so dass sich fast ausschließlich die dicht besiedelte Südspitze Indiens für den Anbau eignet. Der klimatisch begünstigte Bundesstaat Kerala muss in diesem Zusammenhang besonders herausgehoben werden, da er Indiens wichtigster Exporteur, nicht nur für Cashews und Kautschuk, sondern für alle Plantagenprodukte ist.[27]

5   Ein Sonderfall: Kerala

Kerala produziert heute über 40 Prozent aller indischen Plantagenprodukte und ist damit der wichtigste Exporteur indischer Plantagenprodukte. Im Jahr 2001 wurden beispielsweise Agrarprodukte im Wert von über 1,4 Milliarden € exportiert. Kerala darf sich damit zu Recht, als eines der reichsten und wohlhabendsten Bundesländer Indiens nennen. Bemerkenswert ist, dass der Erfolg Keralas nicht auf der Gründung riesiger Plantagen ruht und es auch keine nennenswerten Großbetriebe gibt. Denn anders als in anderen Bundesländern werden Keralas Plantagenprodukte auf kleinbäuerlichen Grundstücken und in Mischkulturen angepflanzt.[28] Ermöglicht wurde dies, durch eine umfassende Landreform, die dafür Sorge trug, dass das Land an möglichst viele Bauern verteilt wurde. Weitere Maßnahmen, die die kommunistische Regierung Keralas für die Verbesserung der Lebensverhältnisse der Bevölkerung durchführte wären zum Beispiel, dass nahezu jede Familie in den Besitz eines eigenen Hauses kam, Kredite staatlich erleichtert wurden, Mindestlöhne eingeführt und die Staatsausgaben für Schule und Gesundheit deutlich erhöht wurden. Letzteres trägt vor allem auch dazu bei, dass Menschen in

---

[26] Ebd. S, 201-202
[27] Vgl. Véron 2004, S. 18
[28] Ebd. S. 18

besseren Berufen, auch außerhalb Keralas arbeiten können. Angepflanzt werden heute vornehmlich Kokos- und Bettelpalmen, die 28 Prozent der landwirtschaftlichen Fläche einnehmen, sowie Cashewnüsse und Kautschuk. Trotz, dass der Anbau von Cashews nur bescheidene Profite mit sich bringt, ist er für die Lohnarbeiter des Landes unverzichtbar und wird von den meisten Bauern sehr geschätzt. Denn die Unterhalts- und Erntekosten sind genauso verschwindend gering wie die Anforderungen an die Bodenqualität. Andererseits sind die Einkünfte aus der Cashewindustrie starken wetterbedingten Schwankungen unterworfen.[29] Anders verhält es sich am Beispiel Kautschuk von dessen Anbau ein regelmäßiges Einkommen erwartet werden kann. Kautschuk, ist eines der besten Beispiele dafür, wie kleinbäuerlich die Landwirtschaft in Kerala betrieben wird, denn durchschnittlich bewirtschaften 83 Prozent der eine Million Bauern nur 0,5 ha Land.[30] Schlussendlich ist zu sagen, dass Kerala dank einer gut ausgebildeten und mündigen Bevölkerung, gute Chancen hat, sich den neuen Herausforderungen im Zuge der Globalisierung zu stellen und sich somit immer weiter, im positiven Sinne, entwickeln kann.

---

[29] Ebd. S. 21
[30] Ebd. S. 22

6   Literaturverzeichnis

Betz, Joachim: *Land und Bevölkerung.* In Informationen zur politischen Bildung Indien. Bpb, München 2007

Cassel-Gintz, Martin/ Bahr, Matthias: *Syndrome globalen Wandels.* In: Praxis Geographie Syndrome des globalen Wandels. Westermann, Braunschweig 2008

Fuchs, Friedrich W.: *Agrarpolitik in Indien.* Forschungsstelle für internationale Agrar- und Wirtschaftsentwicklung e.V., Heidelberg 1992

Haas, H.-D.; Zademach, H.-M.: *Internationalisierung im Textil- und Bekleidungsgewerbe.* In: Geographische Rundschau, Welthandel und Globalisierung. Westermann, Braunschweig 2005

Haubrich, Hartwig (Hrsg.): *Geographie unterrichten lernen.* Oldenbourg Schulbuchverlag GmbH, München 2006

Hennig, Thomas: *Zukunftshoffnung Bewässerung.* In: Praxis Geographie Indien. Westermann, Braunschweig 2007

Stein, Alexander u.A.: *„Grüne Gentechnik" für eine arme Landbevölkerung.* In: Geographische Rundschau 60 Heft 4. Westermann, Braunschweig 2008

Ministerium für Kultus und Sport Baden-Württemberg: *Bildungsplan für die Realschule 2004.* Neckar Verlag, Stuttgart 2004

Schockemöhle, Johanna: *Landwirtschaft 2030.* In: Praxis Geographie, Fächerübergreifender Unterricht. Westermann, Braunschweig 2005

Stang, Friedrich: *Indien.* Wissenschaftlicher Buchverlag, Darmstadt 2002

Véron, René, u.a.: *Globalisierung und Agrarproduktmärkte in Kerala.* In: Geographische Rundschau 56 Heft 11. Westermann, Braunschweig 2004

Vielhaber, Christian: *Über das Fach hinaus der Wirklichkeit entgegen.* In: Praxis Geographie, Fächerübergreifender Unterricht. Westermann, Braunschweig 2005